Das

# Universal-Elektrodynamometer

von

## Karl Zickler,

Professor der Elektrotechnik an der k. k. technischen Hochschule in Brünn.

*Mit 8 in den Text gedruckten Figuren.*

**Berlin.**  1895.  **München.**

Julius Springer.   R. Oldenbourg.

Druck von H. S. Hermann in Berlin.

# I. Allgemeines.

Zu den am häufigsten vorkommenden Messungen, welche den Elektrotechniker in der Ausübung seines Berufes beschäftigen, sind ausser den Widerstandsmessungen die Strommessungen, Spannungsmessungen und die Messungen von elektrischer Zeitarbeit (Effekten) zu zählen. Es müssen ihm hinsichtlich dieser drei letzteren Arten von Messungen schon eine grössere Zahl von Messinstrumenten zur Verfügung stehen, wenn er in den Stand gesetzt sein soll, nur die am häufigsten vorkommenden Messungen von Strom, Spannung und Effekt mit der entsprechenden Genauigkeit zur Ausführung zu bringen. Es ist diese erforderliche Auswahl von Messinstrumenten einerseits bedingt durch die oft engen Messgrenzen der vorhandenen Instrumente zur Messung einer der genannten Grössen, anderseits durch die Verschiedenartigkeit der bezeichneten Arten von Messungen, welche gewöhnlich Instrumente von anderer Bauart erfordern. Die Zahl der nothwendigen Messinstrumente wird sich noch dadurch vergrössern, wenn hierbei die beiden Stromgattungen, Gleich- und Wechselstrom, in demselben Maasse bedacht sein sollen.

Diese soeben angeführte Thatsache lässt es wünschenswerth erscheinen, ein Instrument zu besitzen, welches die Messung von Stromstärken, Spannungsdifferenzen und elektrischen Effekten sowohl bei Gleichstrom, als auch bei Wechselstrom innerhalb möglichst weiter Grenzen gestattet.

Ich habe mich in der letzten Zeit mit der Konstruktion eines solchen Instrumentes, welches ich Universal-Elektrodynamometer nenne, befasst und gebe in dem Folgenden eine eingehende Erläuterung und Beschreibung dieses Universal-Messinstrumentes.

Unter den verschiedenen Wirkungen des elektrischen Stromes, welche zur Messung von Stromstärken, Spannungsdifferenzen und dem Produkte beider (Effekten) bisher benutzt wurden, eignet sich zur Lösung der obigen Aufgabe, ein derartiges Universal-Instrument zu konstruiren, weitaus am besten die elektrodynamische Wir-kung des Stromes, d. i. die ablenkende Wirkung zweier von Strömen durchflossenen Stromkreise. Obzwar mir nicht bekannt ist, ob bereits auf Grund einer anderen Wirkung des Stromes der Versuch gemacht wurde, um den genannten Zweck zu erreichen, glaube ich nicht zu weit zu gehen, wenn ich die elektrodynamische Wirkung mindestens unter der Bedingung, dass man nicht zu empirisch ge-aichten Skalen die Zuflucht nehmen will, als das einzige Mittel für die Lösung der genannten Aufgabe hinstelle.

Was die Verwendung der elektrodynamischen Wirkung hierfür anbelangt, so ist zu bemerken, dass sich bereits unter den verschie-denen von Lord Kelvin angegebenen elektrodynamischen Strom-wagen eine solche unter der Bezeichnung „Composite Balance"*) vorfindet, welche zu Strom-, Spannungs- und Wattmessungen inner-halb ziemlich weiter Grenzen bei Gleichstrom benutzt werden kann. Es besitzt diese Stromwage jedoch die Eigenthümlichkeit, dass sie zur Messung von starken Strömen eines Hilfsstromes bedarf, welcher durch die beweglichen Spulen gesendet wird. Für Wechselströme ist diese Stromwage von vornherein nicht bestimmt und halte ich sie auch mit Ausnahme des Falles der Messung sehr schwacher Wechselströme für die anderen Fälle (die Messung starker Ströme, Spannungen und für die Effektmessung) ungeeignet. Der Grund hierfür liegt in der durch die Wechselströme in den Spulen her-vorgerufenen Selbst- und gegenseitigen Induktion. Es würde sich hierdurch (insbesondere bei der Wattmessung) die zu messende Grösse aus der Ablesung nur durch sehr komplicirte Formeln be-rechnen lassen.

Will man ein derartiges Universal-Instrument auch für die verschiedenen Messungen bei Wechselstrom geeignet machen, so hat man, um zu einfacheren Verhältnissen zu gelangen, vor Allem zu trachten, dass die gegenseitige Induktion der Spulen ganz in Wegfall kommt. Was die Selbstinduktion anbelangt, so kann dieselbe leicht erklärlicher Weise bei einem mit Spulen versehenen In-strumente nicht ganz hinweggeschafft werden, immerhin giebt sie,

---

*) Lord Kelvin's Standard Electric Instruments 11. Auflage Januar 1894 Seite 13.

wenn sie allein vorhanden ist, einerseits in manchen Fällen (Spannungsmessung) bereits viel einfachere Verhältnisse, anderseits lässt sie
sich in Fällen, wo sie noch Komplikationen verursachen würde
(Effektmessung), durch besondere Vorkehrungen auf ein so geringes
Maass beschränken, dass sie in den meisten Fällen vernachlässigt
werden kann.

Zur Vermeidung der gegenseitigen Induktion in den Spulen
(damit das Instrument zur Messung von Spannung und Energie bei
Wechselstrom brauchbar werde) stellt man die Windungsebenen
der beiden Spulen senkrecht zu einander und richtet die Messung
so ein, dass bei derselben das bewegliche Gewinde, welches durch
die Wechselwirkung der Ströme eine Ablenkung erfährt, durch eine
Kraft wieder in seine ursprüngliche Lage zurückgeführt wird. Diese
Zurückführung erfolgt am einfachsten durch die Torsionskraft einer
Feder und man gelangt hierdurch zu den sogenannten Torsions-
Elektrodynamometern, welche Gruppe von Messinstrumenten
durch das Elektrodynamometer von Siemens & Halske, das
Wattmeter von Ganz & Co. u. a. vertreten ist.

Auch das zu besprechende Universal-Instrument ist ein solches
Torsions-Elektrodynamometer.

Wird das feste Gewinde eines solchen Instrumentes vom
Strome $J_1$, das bewegliche Gewinde vom Strome $J_2$ durchflossen,
ist $\varphi$ der Torsionswinkel, um welchen die Feder gedreht werden
muss, damit das bewegliche Gewinde aus der abgelenkten Lage in
die ursprüngliche Lage (Nulllage) zurückgeht und kann man Pro-
portionalität zwischen dem Torsionsmoment und dem Torsionswinkel
voraussetzen, so ist bekanntlich

$$J_1 \cdot J_2 = C^2 \cdot \varphi, \quad \ldots \ldots \ldots 1.$$

wobei $C$ eine Konstante bedeutet.

Handelt es sich um den Gebrauch des Instrumentes

1. zur Strommessung, so wird der zu messende Strom $J$,

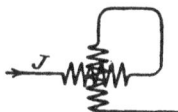

Fig. 1.

sowohl durch das feste, als auch durch das bewegliche Gewinde
geleitet (Fig. 1), der Torsionswinkel $\varphi$ ermittelt, dann ist

$$J^2 = C^2 \, \varphi$$

also
$$J = C \sqrt{\varphi} \quad . \quad . \quad . \quad . \quad . \quad . \quad 2.$$

Bei der Messung eines Wechselstromes erfolgt die Einschaltung des Instrumentes in derselben Weise wie bei Gleichstrom
und ergiebt dann den Mittelwerth des Quadrates der Stromstärke

$$M\,(J^2) = C^2 \cdot \varphi,$$

beziehungsweise die Quadratwurzel aus dem Mittelwerthe des
Quadrates der Stromstärke (auch gemessene mittlere Stromstärke
odor wirksame Stärke genannt)

$$\sqrt{M\,(J^2)} = C \sqrt{\varphi} \quad . \quad . \quad . \quad . \quad . \quad 3.$$

Es wird also der nach Einfügung des Instrumentes in dem
Stromkreis vorhandene und dasselbe durchfliessende Wechselstrom
richtig gemessen. Dabei ist vorausgesetzt, dass die Zeitdauer einer
Periode des Wechselstromes gering ist gegenüber der Schwingungs-
dauer des beweglichen Gewindes.

2. Die Spannungsmessung. Man legt das Instrument
(festes und bewegliches Gewinde in Hintereinanderschaltung)
gewöhnlich mit Hinzufügung eines induktionsfreien Widerstandes $z$
(Zusatzwiderstand) an die beiden Punkte $\alpha$ und $\beta$ (Fig. 2), zwischen
welchen die zu messende Spannung $\delta$ vorhanden ist.

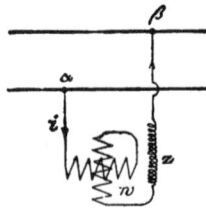

Fig. 2.

Unter der Voraussetzung eines Gleichstromes ist dann der
durch das Instrument fliessende Strom

$$i = \frac{\delta}{\omega + z} = \frac{\delta}{W},$$

wenn $\omega$ den Widerstand des Instrumentes und $W$ den Gesammtwiderstand der Nebenschliessung darstellt.

Anderseits ist $\qquad i = C \cdot V\varphi$

daher $\qquad \delta = C \cdot W \cdot V\varphi = C_1 \cdot V\varphi$ . . . . . 4.

die Spannungsdifferenz in den Punkten $\alpha$ und $\beta$ nach dem Anlegen des Instrumentes. Um die Strom- beziehungsweise Spannungsverhältnisse im ursprünglichen Stromkreise durch das Anlegen des Instrumentes möglichst wenig zu ändern, wählt man den Widerstand $W$ möglichst gross.

Unter der Voraussetzung eines Wechselstromes ist wie früher

$$V M(i^2) = C \cdot V\varphi$$

und die in den Punkten $\alpha$ und $\beta$ wirksame Spannungsdifferenz $V M(\delta^2)$ wird in Folge der im Instrument auftretenden Selbstinduktion gefunden, wenn man den wirksamen Strom $V\bar{M}(i^2)$ mit dem scheinbaren Widerstande $V\overline{W^2 + (\pi p L)^2}$ in der Nebenschliessung multiplicirt,

also ist $\qquad V\overline{M}(\delta^2) = V M(i^2)\, V\overline{W^2 + (\pi p L)^2}$

daher $\qquad V M(\delta^2) = C\, V\overline{W^2 + (\pi p L)^2}\, V\varphi$

oder $\qquad V M(\overline{\delta^2}) = C \cdot W\, V\overline{1 + \lambda^2}\, V\varphi = C_1'\, V\varphi$ . . 5.

wobei $\qquad\qquad \lambda = \dfrac{\pi\, p\, L}{W}$

gesetzt wird und

$p$ die Zahl der Strom- oder Polwechsel (Frequenz) des Wechselstromes in der Sekunde,

$L$ den Selbstinduktions-Koefficienten des Instrumentes in Erdquadranten (Henry)

bedeutet.

Die Gleichung 5 für Wechselströme unterscheidet sich von Gleichung 4 für Gleichströme nur durch das Korrektionsglied $V\overline{1 + \lambda^2}$, welches von den Grössen $p$, $L$ und $W$ abhängt. Die Polwechselzahl ist durch die Umdrehungszahl und die Zahl der Magnetfelder des Stromerzeugers gegeben, während $L$ und $W$ für das Instrument ein für alle Male bestimmt werden. Ist $p$ konstant, so ist auch das Korrektionsglied, folglich auch $C_1'$ eine Konstante. Das Korrektionsglied wird um so kleiner, je kleiner $p$ und $L$ und je grösser $W$ wird.

3.) Die Effektmessung. Zur Benutzung des Instrumentes als Wattmeter ist die Schaltung durch das Schema in Fig. 3 gegeben. Das eine der Gewinde (beispielsweise das feste) wird vom Hauptstrome $J$ durchflossen, während das andere bewegliche Gewinde mit

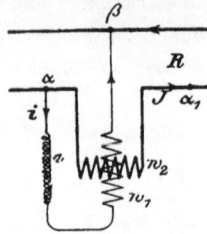

Fig. 3.

Hinzuschaltung des induktionsfreien Widerstandes $z$ an die Punkte $\alpha$ und $\beta$, zwischen welchen der elektrische Effekt im Hauptstromkreise gemessen werden soll, angelegt wird und hierdurch den Strom $i$ empfängt.

Es bestehen dann für Gleichstrom die beiden Gleichungen

$$Ji = C^2 \varphi$$

$$i = \frac{\delta}{\omega_1 + z} = \frac{\delta}{W_1}$$

wenn $\delta$ die Spannungsdifferenz zwischen den Punkten $\alpha$ und $\beta$, $\omega_1$ den Widerstand des beweglichen Gewindes, also $\omega_1 + z = W_1$ den Gesammtwiderstand der Nebenschaltung darstellen.

Der elektrische Effekt zwischen den Punkten $\alpha$ und $\beta$ im Hauptstromkreise ergiebt sich daher durch die Gleichung

$$J\delta = C^2 \, W_1 \cdot \varphi = C_2 \, \varphi \quad . \quad . \quad . \quad . \quad . \quad 6.$$

Hat man es mit einem Wechselstrom zu thun, so geht die Gleichung 6 in Folge der in den Spulen auftretenden Selbstinduktion über in die Formel*)

$$M(J\delta) = C^2 \cdot W_1 \, \frac{1+\lambda^2_1}{1+\lambda_1 \, \lambda_2} \cdot \varphi = C_2 \, \frac{1+\lambda^2_1}{1+\lambda_1 \, \lambda_2} \cdot \varphi \quad . \quad . \quad 7$$

*) Siehe J. Stefan „Ueber die Anwendung des Elektrodynamometers zur Arbeitsmessung" im Berichte über die von der wissenschaftlichen Kommission bei der internationalen elektrischen Ausstellung in Wien im Jahre 1883 ausgeführten Messungen. Seite 206.

wobei zur Abkürzung

$$\lambda_1 = \frac{\pi\, p\, L_1}{W_1} \quad , \quad \lambda_2 = \frac{\pi\, p\, L_2}{W_2}.$$

gesetzt ist

und $p$ wieder die Polwechselzahl in der Sekunde,

$L_1$ den Selbstinduktions-Koefficienten der Nebenleitung, beziehungsweise, da $z$ induktionsfrei ist, den S. J. K. des beweglichen
Gewindes,

$W_1$ den Gesammtwiderstand der Nebenleitung,

$L_2$ den Selbstinduktions-Koefficienten der Hauptleitung,

$W_2 = \omega_2 + R$ den Gesammtwiderstand in der Hauptleitung
bedeutet.

Für die Grösse des Korrektionsfaktors $\dfrac{1 + \lambda_1{}^2}{1 + \lambda_1\,\lambda_2}$ ist auch die
Selbstinduktion und der Widerstand im Hauptstromkreise ausserhalb
der festen Spule mitbestimmend. Diese Grössen sind selten bekannt,
weshalb eine Ermittelung der Grösse dieses Faktors unmöglich ist.
Ferner trifft der Fall, dass $\lambda_1 = \lambda_2$ ist, in welchem der Faktor gleich
der Einheit wird, wohl auch nur in den seltensten Fällen zu.

Es kann aber der Korrektionsfaktor wenigstens praktisch auch
gleich der Einheit gemacht, d. h. die Korrektion bei Wechselströmen
ganz in Wegfall gebracht werden, wenn man $\lambda_1$ möglichst klein
macht. Zu diesem Zwecke lässt man $L_1$ möglichst klein und $W_1$
möglichst gross werden. Deshalb giebt man dem beweglichen Gewinde eine geringe Zahl von Windungen und fügt einen grossen
induktionsfreien Widerstand $z$ hinzu. Es ist dieses Hilfsmittel
beim Wattmeter von Ganz & Co. zur Anwendung gebracht und
wird auch bei dem in Rede stehenden Universal-Instrumente gebraucht. Die Rechnung erfolgt dann auch bei Wechselstrom nach
der Formel 6.

## II. Beschreibung des Instrumentes.

Nach den vorstehenden allgemeinen Bemerkungen, welche die
verschiedenen Anwendungsarten des Instrumentes darlegen, sei nun
auf die Beschreibung desselben, von welchem Fig. 4 eine Totalansicht, Fig. 5 ein Schema der Wicklungen und Verbindungen,
Fig. 6 eine Detailzeichnung und Fig. 7 die Anordnung der einzelnen
Theile auf dem Grundbrette giebt, eingegangen.

Das bewegliche Gewinde $g$ (Fig. 6), welches die festen Windungen umgiebt, besteht aus zwei Abtheilungen, von welchen die eine $g_1$ (Fig. 5 und 6) durch einen Kupferrahmen von ca. 35 mm² Querschnitt gebildet wird, der unten offen ist und dessen entsprechend dimensionirte Ableitungen in die beiden inneren Quecksilbernäpfe

Fig. 4.

$i_1$ (Fig. 5, 6 und 7) tauchen. Der zweite Theil des beweglichen Gewindes $g_2$ (Fig. 5 und 6) besteht aus 60 Windungen eines $1 \cdot 15$ mm starken, isolirten Drahtes, welche in den Kupferrahmen gewickelt sind und deren Ableitungen in die beiden äusseren Quecksilbernäpfe $a_1$ (Fig. 5, 6 und 7) führen.

Der Kupferrahmen vermag sich um seine vertikale Mittellinie zu drehen, wenn die Arretiervorrichtung $D$ (Fig. 6) des Rahmens,

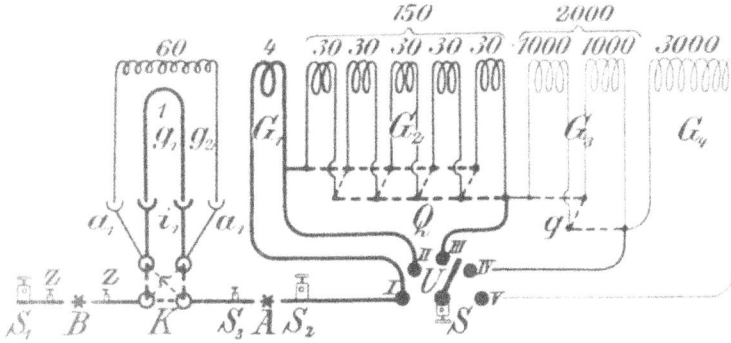

Fig. 5.

die denselben von unten gegen eine zwischen zwei Säulen des Instrumentes angebrachte Querschiene *E* presst, durch das Herausschrauben der Schraube *F* gelöst wird.

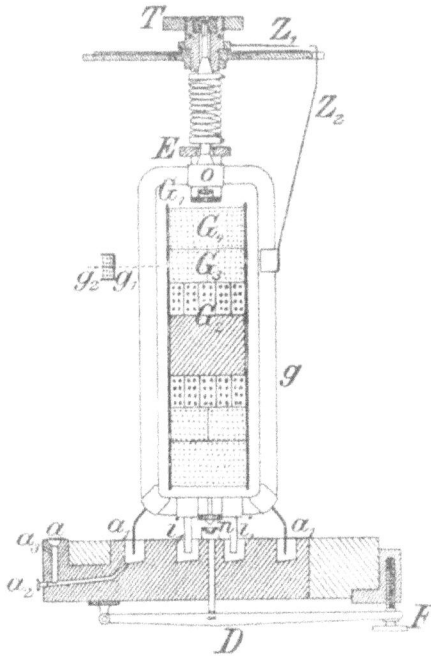

Fig. 6.

Dadurch senkt sich allmählich die mit dem Rahmen fest verbundene Stahlspitze $O$ in eine Steinpfanne, welche mit obengenannter Querschiene durch einen Messingbügel in fester Verbindung steht, und es kann die Drehung des Rahmens auf dieser Stahlspitze erfolgen, sobald das Instrument durch die Stellschrauben horizontal gestellt ist, wozu man den Rahmen selbst durch Beobachtung seiner Spitze $n$ als Senkel benutzen kann. Es wurde hier statt der sonst bei Torsions-Elektrodynamometern (Siemens & Halske, Ganz & Co.) üblichen Aufhängung des beweglichen Gewindes an einem Faden die Bewegung desselben um eine Stahlspitze in einer Steinpfanne deshalb gewählt, weil die Fadenaufhängung bei dem grösseren Gewichte des Gehänges nicht so leicht durchzuführen ist. Auch ist man bei der Aufhängung an einem Faden nie sicher, sobald der Faden reisst, man also genöthigt ist, einen neuen Faden einzuziehen, ob dadurch nicht die Konstanten des Instrumentes eine erhebliche Aenderung erfahren haben, während in dem vorliegenden Falle eine Zerlegung der mit dem beweglichen Gewinde verbundenen Theile des Instrumentes erfolgen kann, ohne dass nach wieder erfolgter Zusammensetzung, wenn die Querschiene $E$ genau wieder in die frühere Lage gebracht wurde, eine solche Aenderung der Konstanten zu befürchten ist.

In der Verlängerung der vertikalen Mittellinie des Rahmens befindet sich ein Scheibchen, an dessen Umfange das eine Ende der Torsionsfeder *) angeschraubt ist, während das andere Ende der Feder am Umfange eines gleich grossen Scheibchens, welches in fester Verbindung mit dem Torsionsknopfe $T$ steht, ebenfalls durch Verschraubung festgelegt ist. Die Spitzen des mit dem Torsions-

---

*) Zur Herstellung brauchbarer Federn wurden die verschiedensten Versuche angestellt. Am Besten erwies sich hierfür ein von meinem Assistenten, Herrn Ingenieur O. Hausmann, angegebener Vorgang. Man wickelt harten Messingdraht von entsprechender Stärke auf einen Holzstab von angemessenem Durchmesser in ganz dicht nebeneinander liegenden Windungen auf, wobei der aufzuwindende Draht unter einem sehr kräftigen Zuge steht. Sind dann die Enden des aufgewickelten Drahtes am Stabe selbst festgelegt, so wird die aufgewickelte Spirale behufs Ausgleichung der Spannungen in derselben unter fortwährender Drehung des Stabes über einer Flamme mässig erwärmt. Man erhält dadurch brauchbare Federn von grosser Gleichmässigkeit.

knopfe in Verbindung stehenden Torsionszeigers $Z_1$ und des mit dem beweglichen Rahmen verbundenen Gewindezeigers $Z_2$ spielen auf einer in 360 Grade getheilten Kreistheilung von 16 cm Durchmesser, welche von dem Nullpunkte aus nach beiden Seiten hin mit einer Bezifferung versehen ist.

Die für die Stromzuführung zu den beweglichen Wicklungen dienenden Quecksilbernäpfe, welche sich in einem Ebonitstücke von der Stärke des Grundbrettes befinden, sind so weit und tief, dass auch bei dem stärksten Strome, welcher die Näpfe zu durchsetzen

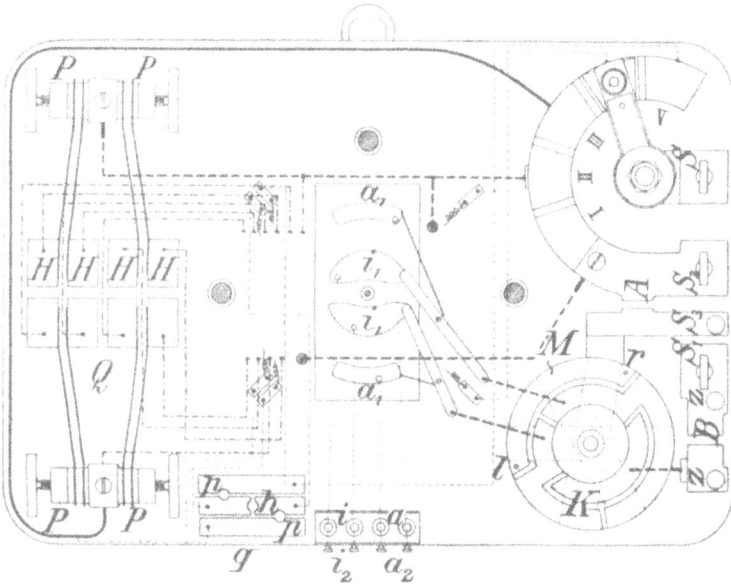

Fig. 7.

hat, keine Erwärmung des Quecksilbers eintritt. Ausserdem ist eine ungemein rasche und leichte Füllung der Näpfe mit Quecksilber vor der Messung und eine Entleerung nach derselben, überhaupt eine Erneuerung des Quecksilbers dadurch möglich, dass die Füllung und Entleerung durch Füllungs- und Entleerungsöffnungen ($a$, $i$ beziehungsweise $a_2$, $i_2$ Fig. 7), welche für jeden Napf am Rande des Grundbrettes im Ebonite angebracht sind und mit dem betreffenden Napfe durch einen im Ebonitstücke hergestellten, nach aussen hin etwas abfallenden Kanal kommuniciren, bewerkstelligt werden kann.

In Fig. 6 ist diese Einrichtung für einen der äusseren Quecksilbernäpfe $a_1$ im Querschnitte angedeutet. Die Füllung mit Quecksilber
erfolgt durch die Füllungsöffnung $a$, wobei die Entleerungsöffnung
$a_2$ mit einem kleinen eisernen Stöpsel verschlossen ist. Die Entleerung geschieht durch Herausziehen des Eisenstöpsels, wodurch
das Quecksilber in ein untergestelltes Schälchen abfliesst. Zur Vermeidung einer Ueberfüllung und Erreichung einer bestimmten Füll-
höhe geht vom Füllrohre in entsprechender Höhe ein Kanälchen $a_3$
nach aussen, durch welches das überschüssige Quecksilber in das
Schälchen abfliesst. Es ist durch diese Einrichtung eine rasche und
bequeme Füllung bezw. Entleerung ermöglicht, ohne das Instrument
in seiner Einstellung zu ändern und wird die Verunreinigung der
Quecksilberoberfläche vollkommen hintangehalten. Die beiden mit $i$
(Fig. 7) bezw. $i_2$ bezeichneten Füllungs- und Entleerungsöffnungen
gehören zu den beiden inneren ($i_1$), die beiden mit $a$ bezw. $a_2$ bezeichneten Oeffnungen gehören zu den beiden äusseren Quecksilbernäpfen ($a_1$).

Es erfolgt jeweilig die Füllung jener Näpfe, welche gerade
die Zuleitung für die bei der darauffolgenden Messung in Verwendung
stehende, bewegliche Wickelung (Kupferrahmen oder die 60 Windungen) bilden. Die anderen beiden Näpfe bleiben leer.

Der Strom wird den Quecksilbernäpfen durch einen Stromwender $K$ (in Fig. 5 schematisch dargestellt, in Fig. 7 in seiner
eigentlichen Ausführung mit Hinweglassung des oberen beweglichen
Theiles, der in der Totalansicht Fig. 4 ersichtlich ist, abgebildet)
zugeführt. Dieser Stromwender stellt bei der Einstellung seines
oberen schleifenden Theiles auf die Marke $M$ (Fig. 7) einen Kurz-
schluss in sich selbst her, sodass noch kein Strom durch das bewegliche Gewinde fliesst. Dreht man hingegen den oberen schleifenden Theil mittelst seiner Handhabe nach rechts (Marke $r$) oder
nach links (Marke $l$), so wird der Strom in der einen, bezw. in der
anderen Richtung durch das bewegliche Gewinde gesendet. Man
erhält dadurch zwei Ablenkungen des beweglichen Gewindes nach
verschiedenen Seiten, welche durch die entgegengesetzten Torsionen
der Feder ausgeglichen werden. Der Mittelwerth aus den beiden
Ablesungen wird zur Bestimmung des Resultates benutzt. Der
Kontakt zwischen dem beweglichen Theil des Stromwenders und
den festen, massiven Messingstücken wird durch eine Anzahl federn-

der Kupferstreifen, die mit ihren an den freien Enden befindlichen Kanten auf den Messingstücken schleifen, hergestellt, sodass die Berührungsflächen auch für die stärksten durch das Instrument gehenden Ströme vollkommen hinreichend sind.

Die feststehende Spule besteht ebenfalls aus mehreren Wicklungs-abtheilungen von verschiedenem Querschnitte und verschiedener Win-dungszahl. Es sind dieselben wieder in Fig. 5 schematisch nebenein-ander liegend gezeichnet, in Fig. 6 im Querschnitte angedeutet und ist in Fig. 7 die Verbindung ihrer Enden mit den anderen Theilen des Instrumentes angegeben.

Zunächst werden die beiden Begrenzungsflächen der festen Spule von je 2 flachen Windungen aus einem Kupferbleche von $1 \cdot 5$ mm Stärke und 35 mm Breite gebildet. Diese beiden flachen Spiralen sind durch einen Kupferbügel hintereinander geschaltet, so-dass sie zusammen 4 hintereinander geschaltete Windungen $G_1$ von $52 . 5$ cm$^2$ Querschnitt bilden, deren Enden an die Kontakte $I$ und $II$ des Umschalters $U$ (Fig. 5 und 7) gelegt sind.

In das Innere der festen Spule sind nun eingewickelt:

1. Nebeneinander liegend (also von gleichem Widerstand) fünfmal 30 Windungen $G_2$ (Fig. 5 u. 6) eines isolirten Flachkupfer-drahtes von $2 \times 2,7$ mm $= 5,4$ mm$^2$ Querschnitt. Ein grosser am Grundbrette des Apparates angebrachter Querschnittswechsler $Q$ (Fig. 7) bewerkstelligt die Neben- und Hintereinanderschaltung dieser 5 Abtheilungen von je 30 Windungen. Zieht man die 4 federnden Flachstöpsel $H$ dieses Querschnittswechslers, schraubt die 4 Schrauben bei $P$ so weit nach innen, das jederseits die 4 massiven Kupferfedern untereinander und mit dem mittleren Messing-stücke in innige Berührung treten, so ist die Parallelschaltung durch-geführt und man hat dann zwischen den Kontaktstücken II und III des Umschalters $U$ 30 Windungen ($G_2'$) von $5 \times 5,4 = 27$ mm$^2$ Querschnitt. Schraubt man hingegen die 4 Schrauben $P$ so weit heraus, dass die Kupferfedern sich weder gegenseitig, noch das Messingstück sammt den Schrauben berühren, und setzt die 4 Stöpsel bei $H$ ein, so sind zwischen den Kontaktstücken II und III $5 \times 30 = 150$ Windungen ($G_2''$) von $5,4$ mm$^2$ Querschnitt einge-schaltet.

2. Nebeneinander und über der soeben angegebenen Wickelung liegen zweimal 1000 Windungen $G_3$ (Fig. 5 u. 6) eines 0,45 mm

starken, mit Seide doppelt umsponnenen Kupferdrahtes. Diese zweimal 1000 Windungen können nun wieder durch einen kleinen Querschnittswechsler $q$ neben- und hintereinander geschaltet werden u. zw. hat man zwischen den Kontakten III und IV des Umschalters $U$ 1000 Windungen ($G_3{}'$) von $2 \times 0{,}16 = 0{,}32$ mm² Querschnitt, wenn der Stöpsel bei $h$ gezogen und jene bei $p$ eingesetzt sind, oder $2 \times 1000 = 2000$ Windungen ($G_3{}''$) von 0,16 mm² Querschnitt, wenn der Stöpsel bei $h$ eingesetzt und jene bei $p$ gezogen sind.

3. Darüber sind nun noch 3000 Windungen ($G_4$) desselben Kupferdrahtes von 0,16 mm² Querschnitt gewunden, dessen Enden an den Kontakten IV und V des Umschalters liegen.

Setzt man den Hebel des Umschalters auf den Kontakt I, so ist noch keine einzige Windung der festen Spule eingeschaltet. Wird der Hebel der Reihe nach auf die weiteren Kontakte und werden die Querschnittswechsler $Q$ und $q$ entsprechend gestellt, so sind die in der folgenden Tabelle I angegebenen Wicklungen in den Stromkreis eingefügt.

Tabelle I.

| Stellung des Hebels auf den Kontakt | Gesammt-bezeich-nung der einge-schalteten Wick-lungen | Zusammen-setzung aus den Wicklungen | Gesammt-Windungszahl | Minde-ster Quer-schnitt mm² | Stellung der Querschnittswechsler $Q$ und $q$ |
|---|---|---|---|---|---|
| II | $G_{II}$ | $G_1$ | 4 | 52,50 | beliebig |
| III | $G_{III}{}'$ | $G_1 + G_2{}'$ | $4 + 30 = 34$ | 27,– | $Q$ parallel $q$ beliebig |
|  | $G_{III}{}''$ | $G_1 + G_2{}''$ | $4 + 150 = 154$ | 5,40 | $Q$ hintereinander $q$ beliebig |
| IV | $G_{IV}{}'$ | $G_1 + G_2{}'' + G_3{}'$ | $4 + 150 + 1000 = 1154$ | 0,32 | $Q$ hintereinander $q$ parallel |
|  | $G_{IV}{}''$ | $G_1 + G_2{}'' + G_3{}''$ | $4 + 150 + 2000 = 2154$ | 0,16 | $Q$ hintereinander $q$ hintereinander |
| V | $G_V$ | $G_1 + G_2{}'' + G_3{}'' + G_4$ | $4 + 150 + 2000 + 3000 = 5154$ | 0,16 |  |

Wie aus der Tabelle ersichtlich ist, lässt sich also durch einfache Hebelverstellung am Umschalter und bequeme Schaltung an den beiden Querschnittswechslern die Windungszahl und der Querschnitt bei der festen Spule in mannigfaltiger Weise verändern.

Auch beim Umschalter $U$ tritt wie beim Stromwender $K$ selbst bei den stärksten, das Instrument durchfliessenden Strömen keine Erwärmung der Kontaktstellen ein, weil die Kontaktflächen sehr gross sind und die auf denselben schleifenden Theile des Hebels aus einer grösseren Zahl von rechtwinklig gebogenen Kupferblechen bestehen, die durch Federn mit den Kanten ihrer freien Enden kräftig auf die Kontaktflächen gedrückt werden. Beim Uebergange des Hebels von einer Kontaktfläche zur benachbarten berührt derselbe bereits letztere, bevor er die erstere verlässt, so dass keine Stromunterbrechung eintritt.

Zur Einschaltung des Instrumentes für die verschiedenen Zwecke sind die Klemmen $S$, $S_1$, $S_2$, $S_3$, $z$, $z$ angebracht, deren Verbindung untereinander, mit dem Stromwender und dem Umschalter in Fig. 5 schematisch angedeutet ist. Bei $A$ und $B$ lässt sich die Stromleitung durch Einsetzen oder Ziehen von grossen federnden Flachstöpseln schliessen bzw. unterbrechen. Die eigentliche Anordnung der Klemmen, Stöpsel und Verbindungen lässt sich aus Fig. 7 ersehen.

Vor dem Gebrauche des Instrumentes ist dasselbe horizontal zu stellen und sind die beiden Zeiger auf dem Nullpunkt der Theilung zu bringen. Weicht dabei der Gewindezeiger etwas von der Nullstellung ab, wenn der Torsionszeiger auf Null gebracht ist, so wird ersterer dadurch auch auf Null eingestellt, dass man bei festgehaltenem Torsionsknopf das in der Mitte desselben angebrachte Schräubchen (Fig. 6) etwas lüftet und mit einem entsprechend geformten, dem Instrumente beigegebenen Schlüssel den nun beweglichen, mittleren Theil des Torsionsknopfes etwas nach links oder rechts dreht, bis sich auch der Gewindezeiger auf Null einstellt. Hierauf wird das Schräubchen wieder fest angezogen.

Die genaueste Einstellung des Torsionszeigers bei der Messung erhält man durch rasch aufeinander folgendes Drehen des Torsionsknopfes nach der einen und anderen Richtung.

## III. Der Gebrauch des Instrumentes.

### A. Die Strommessung.

Man stellt den Stromwender auf die Marke $M$, den Hebel des Umschalters auf den Kontakt $I$, schaltet das Instrument bei den Klemmen $S$ und $S_1$ in den Stromkreis und setzt die Stöpsel bei $A$ und $B$ ein. Es geht dann der Strom noch durch keine einzige der beweglichen oder festen Windungen, sondern fliesst von $S$ über $I$, $A$, $K$, $B$ nach $S_1$.

Man hat nun weiter eine entsprechende Auswahl zwischen den einzelnen Abtheilungen der beweglichen und festen Spule zu treffen, so dass durch deren Kombination, wenn sie von dem zu messenden Strome durchflossen werden, eine Ablenkung des beweglichen Gewindes erfolgt und die Ausgleichung dieser Ablenkung durch die Torsion der Feder einen angemessenen Torsionswinkel ergiebt. Die Aenderung der Windungszahl bei der beweglichen Spule erzielt man dadurch, dass man das eine Mal die inneren, ein anderes Mal die äusseren Quecksilbernäpfe füllt, bei der festen Spule erzielt man sie durch Verstellung des Hebels am Umschalter und durch die Handhabung der beiden Querschnittswechsler.

Ist man von vornherein über die Grösse des zu messenden Stromes nur insoweit orientirt, als man weiss, dass er das Maximum jenes Stromes, welches das Instrument noch zu messen gestattet, nicht übersteigt, so verändert man so lange das Produkt der Windungszahlen der beweglichen und festen Spule, indem man dieses Produkt in der in der folgenden Tabelle II angegebenen Ordnung immer grösser werden lässt, bis sich beim Einleiten des Stromes in das bewegliche Gewinde ein Ausschlag desselben ergiebt. Ist dies der Fall, so dreht man den Torsionsknopf so lange in entgegengesetzter Richtung, bis der Gewindezeiger wieder auf den Nullpunkt einspielt und liest den Torsionswinkel $\varphi_1$ ab. Hierauf wechselt man die Stromrichtung im beweglichen Gewinde durch Umstellung des Stromwenders, dreht den Torsionsknopf nach der anderen Richtung, bis wieder der Gewindezeiger auf den Nullpunkt zurückkehrt, liest den Torsionswinkel $\varphi_2$ ab, ermittelt $\varphi = \dfrac{\varphi_1 + \varphi_2}{2}$, entnimmt aus einer Tabelle den Werth von $\sqrt{\varphi}$, multiplicirt diesen mit der der verwendeten Gewindekombination entsprechenden, in der Tabelle II angegebenen Constanten $C$ und erhält dadurch nach den Gleichungen 2 und 3 die Grösse des zu messenden Gleich- oder Wechselstromes.

Tabelle II.

| Windungs- zahl der beweg- lichen Spule | Windungs- zahl der festen Spule (Siehe Tabelle I) | $C$ | Stromwerthe in Ampère bei den Torsionswinkeln | |
|---|---|---|---|---|
| | | | $\psi = 360°$ | $\psi = 20°$ |
| 1 | 4 | 5,97 | 113,3 | 26,7 |
| 1 | 34 | 2,570 | 48,8 | 11,5 |
| 1 | 154 | 1,285 | 24,4 | 5,75 |
| 60 | 34 | 0,354 | 6,72 | 1,58 |
| 60 | 154 | 0,174 | 3,30 | 0,778 |
| 60 | 1154 | 0,0512 | 0,972 | 0,229 |
| 60 | 2154 | 0,0366 | 0,694 | 0,164 |
| 60 | 5154 | 0,0211 | 0,400 | 0,094 |

Als obere Grenze für den Torsionswinkel werden 360°, als untere Grenze 20° angenommen. Es geben daher die in den beiden letzten Rubriken der Tabelle II angeführten Zahlen die Grenz- werthe an, innerhalb welcher bei den jeweiligen Gewindekom- binationen noch Ströme gemessen werden können.

Zugleich ersieht man daraus, dass das Instrument Gleich- und Wechselströme von 113,3 bis 0,094 Ampère zu messen gestattet.

Hat man sich einmal über die Einrichtung des Instrumentes genau unterrichtet, so kann die Herstellung der verschiedenen Ge- windekombinationen sehr rasch erfolgen.

Weiss man, dass der zu messende Strom voraussichtlich zwischen zwei der in Tabelle II angegebenen Grenzwerthen gelegen ist, so ist es nicht nöthig, die verschiedenen Kombinationen der Reihe nach durchzuführen, sondern stellt gleich auf die diesen Grenzwerthen entsprechende Gewindekombination ein. Wäre beispielsweise der zu messende Strom zwischen 6·72 und 1·58 Ampère gelegen, so hat man die Kombination 60 × 34 zu wählen, d. h. es sind die Quecksilbernäpfe *a* zu füllen, der Querschnittswechsler *Q* auf „parallel" und der Hebel des Umschalters auf den Kontakt III zu stellen.

## B. Die Spannungsmessung.

Der Stromwender wird auf die Marke *M*, der Hebel des Umschalters auf den Kontakt V gestellt\*) und bei beiden Querschnittswechslern wird „hintereinander" geschaltet. Hierauf füllt man die Quecksilbernäpfe *a*, zieht den Stöpsel bei *B* und schaltet zwischen die Klemmen *z z* einen dem Instrumente beigegebenen Zusatzwiderstand, nachdem man die Stöpsel aus demselben entfernt hat. Das Instrument wird dann mit den Klemmen *S S₁* an jene Punkte gelegt, zwischen welchen die Spannung gemessen werden soll. Es sind dann die 60 Windungen der beweglichen Spule die gesammten 5154 Windungen der festen Spule (also die Gewindekombination 60 × 5154) und der Zusatzwiderstand hintereinander geschaltet.

Der Zusatzwiderstand, dessen Einrichtung aus Fig. 8 ersichtlich ist, hat sechs Abtheilungen, von denen fünf den Widerstand von 250 Ohm (bei 18° C) aufweisen, während die sechste Abtheilung den Widerstand von 26·57 Ohm (bei 18° C) enthält. Der Widerstand des ganzen Instrumentes (60 + 5154 Windungen) beträgt bei 18° C 223·43 Ohm, so dass derselbe durch den Widerstand von 26·57 Ohm zu 250 Ohm ergänzt wird.

Die Messung wird nun in der Weise durchgeführt, dass man zunächst den ganzen Zusatzwiderstand einschaltet, durch Drehen des Umschalters den Strom auch in das bewegliche Gewinde leitet und nachsieht, ob dasselbe eine Ablenkung erfährt. Ist noch kein Ausschlag zu bemerken, so schaltet man den Zusatzwiderstand allmählich aus, indem man ihn immer um 250 Ohm verringert. Sobald sich Ablenkung zeigt, werden wie bei der Strommessung die Torsionswinkel $\varphi_1$ und $\varphi_2$ bestimmt und deren arithmetisches Mittel $\varphi$ berechnet.

Bei Gleichstrom ist weiter zur Berechnung der Spannung die Formel 4

$$\delta = C \cdot W \sqrt{\varphi} = C_1 \sqrt{\varphi}$$

\*) Man sichert die Stellung des Hebels gegen das Drehen nach dem Kontakt IV hin dadurch, dass man vor dem Hebel einen Stellstift in eine Oeffnung des Grundbrettes einsetzt.

zu benutzen. $C$ ist die Konstante der Gewindekombination (siehe Tabelle II), $W$ der Gesammtwiderstand in der Nebenschliessung.

In der folgenden Tabelle III sind für die verschiedenen hier in Betracht kommenden Gewindekombinationen und Vorschaltewiderstände die Konstanten $C_1$ angegeben, welche man nur mit den jeweilig aus der Messung sich ergebenden Werthen von $\sqrt{\varphi}$ zu multipliciren braucht, um die Spannung in Volt zu erhalten (Temperaturkorrektion siehe weiter unten).

Tabelle III.

| $z$ $t \quad 18^\circ C$ | $\dfrac{W}{t}$ $\dfrac{\omega+z}{18^\circ C}$ | $C_1$ $CW$ $t-18^\circ C$ | Tempe-ratur-Korrektion $\alpha$ für $C_1$ pro $1^\circ C$ wenn $t$ $\gtrless 18^\circ C$ | Spannungen in Volt bei den Torsions-winkeln $\varphi = 360^\circ \mid \varphi = 20^\circ$ | $i$max. oder max. Watt-verlust pro 1 V. | Span-nung bei $i$max. 0,3 |
|---|---|---|---|---|---|---|

**1. Wicklungs-Komb.: $60 \times 5154$; $C = 0{,}0211$; $\omega = 223{,}43$ Ohm ($t = 18^\circ C$)**

| | | | | | | | |
|---|---|---|---|---|---|---|---|
| $5 \times 250 + 26{,}57$ | 1500 | 31,65 | $\pm 0{,}038$ | 600,5 | 141,5 | 0,400 | 450 |
| $4 \times 250 + 26{,}57$ | 1250 | 26,38 | $\pm 0{,}034$ | 500,4 | 118,0 | 0,113 | 375 |
| $3 \times 250 + 26{,}57$ | 1000 | 21,10 | $\pm 0{,}027$ | 400,3 | 94,4 | 0,118 | 300 |
| $2 \times 250 + 26{,}57$ | 750 | 15,83 | $\pm 0{,}025$ | 300,3 | 70,8 | 0,126 | 225 |
| $1 \times 250 + 26{,}57$ | 500 | 10,55 | $\pm 0{,}022$ | 200,2 | 47,2 | 0,141 | 150 |
| $26{,}57$ | 250 | 5,28 | $\pm 0{,}018$ | 100,1 | 23,6 | 0,188 | 75 |
| $0$ | 224,43 | 4,71 | $\pm 0{,}018$ | 89,3 | 19,9 | 0,105 | 67,3 |

**2. Wicklungs-Komb.: $60 \times 2154$; $C = 0{,}0366$; $\omega = 74{,}86$ ($t = 18^\circ C$)**

| | | | | | | | |
|---|---|---|---|---|---|---|---|
| $26{,}57$ | 101,43 | 3,71 | $\pm 0{,}011$ | 70,4 | 16,6 | 0,196 | 30,4 |
| $0$ | 74,86 | 2,74 | $\pm 0{,}010$ | 52,0 | 12,2 | 0,222 | 22,4 |

**3. Wicklungs-Komb.: $60 \times 1154$; $C = 0{,}0512$; $\omega = 18{,}74$ ($t = 18^\circ C$)**

| | | | | | | | |
|---|---|---|---|---|---|---|---|
| $26{,}57$ | 45,31 | 2,32 | $\pm 0{,}005$ | 44,0 | 10,4 | 0,269 | 13,5 |
| $0$ | 18,74 | 0,96 | $\pm 0{,}004$ | 18,2 | 4,3 | 0,560 | 5,6 |

In der 5. und 6. Reihe der Tabelle sind für die einzelnen Kombinationen die Grenzwerthe der Spannungen angegeben, wenn für die Torsionswinkel $360^\circ$ und $20^\circ$ als Grenzen angenommen werden.

Aus der ersten Abtheilung der Tabelle III (Gewinde-Kombination $60 \times 5154$) ergiebt sich, dass bei Gebrauch des Zusatzwiderstandes Spannungen von 600,5 bis 19,9 Volt gemessen werden können. Ist die zu messende Spannung kleiner als 19,9 Volt, so geht man über zur Gewinde-Kombination $60 \times 2154$, indem man den Hebel des Umschalters auf den Kontakt IV stellt. Man erhält dann die beiden in der zweiten Abtheilung der Tabelle III angeführten Werthe für $C_1$, je nachdem man $z = 26,57$ oder $z = 0$ wählt, und kann noch Spannungen bis zu 12,2 Volt herab messen. Für noch kleinere Spannungen wählt man die Kombination $60 \times 1154$, indem man den Hebel des Umschalters auf Kontakt IV belässt und den Querschnittswechsler $q$ auf „parallel" stellt *). Die untere Messgrenze ist dann 4,3 Volt.

Das Instrument gestattet also bei Gleichstrom Spannungsmessungen zwischen den Grenzen 600 und 4,3 Volt.

Bei Spannungsmessern ist darauf zu sehen, dass der im Spannungsmesser verbrauchte Effekt möglichst gering sei. Der bei der Maximalspannung das Instrument durchfliessende Strom $i_{max.}$ giebt ein Maass für den maximalen Wattverlust, denn dieser Stromwerth $i_{max.}$ ist zugleich der maximale Wattverlust für 1 Volt Spannung.

Aus diesem Grunde hat man beim Gebrauche des Instrumentes die Regel zu beobachten, dass man beim Wechsel der Kombinationen in der Reihenfolge der Tabelle III von einer Kombination zur nächstfolgenden erst dann übergeht, wenn sich zeigt, dass bei der ersteren der Torsionswinkel kleiner als 20° ist.

Hält man diese Regel ein, so ergeben sich bei den einzelnen Kombinationen die in der siebenten Reihe der Tabelle angeführten Zahlenwerthe für das Strommaximum oder den maximalen Wattverlust pro 1 Volt Spannungsdifferenz.

Bei den Hitzdrahtvoltmetern (Cardew, Hartmann & Braun), die, wie das in Rede stehende Instrument, zu Spannungsmessungen sowohl bei Gleich- als auch bei Wechselströmen benutzt, also hier in Vergleich gezogen werden können, stellt sich das Strommaximum auf ca. 0,3 Ampère. Vergleicht man diesen Werth mit jenen in der Tabelle angegebenen Stromwerthen, so findet man, dass alle mit Ausnahme des ersten und letzten Werthes unter 0,3 Ampère gelegen sind, also der maximale Wattverlust ein geringerer ist.

---

*) Dabei ist der Stöpsel bei $h$ zu ziehen, bevor man die Stöpsel bei $p$ einsetzt, damit man das Instrument nicht nahezu kurz schliesst.

Gestattet man sich bei allen Kombinationen den gleichen maximalen Wattverlust pro 1 Volt und zwar jenen wie bei den Hitzdrahtvoltmetern (0,3 Watt), so ergeben sich für die einzelnen Kombinationen die in der achten Reihe der Tabelle angegebenen Maximalspannungswerthe. Es entsprechen diese in der ersten Abtheilung dem Torsionswinkel $\varphi = 201\,°$, in der zweiten $\varphi = 67\,°$ und in der dritten $\varphi = 34\,°$. Sie zeigen, verglichen mit den Spannungswerthen bei $\varphi = 360\,°$ und $\varphi = 20\,°$, dass nur bei den Spannungsdifferenzen zwischen 600 und 450 und zwischen 10,4 und 5,6 Volt ein etwas höherer Wattverlust als 0,3 Watt für 1 Volt eintritt.

Der Berechnung der Konstanten $C_1$ sind die Werthe der Widerstände bei der mittleren Temperatur von $18\,°$ C zu Grunde gelegt. Ist die Temperatur eine andere, so bedarf die Konstante $C_1$, entsprechend der Widerstandsänderung, einer Korrektion. Der Gesammtwiderstand $W$ setzt sich im Allgemeinen aus Kupferdrahtwindungen (im Instrument) und aus Wicklungen einer Metalllegierung (im Zusatzwiderstand) zusammen. Der Temperaturkoefficient der Metalllegierung[*] ist 0,000681. Nimmt man jenen für Kupfer gleich 0,0038 und berücksichtigt für jeden in der Tabelle III enthaltenen Fall die Verhältnisse, in welchen der Widerstand des Kupfers und der Metalllegierung den Gesammtwiderstand zusammensetzen, so erhält man die in der vierten Spalte genannter Tabelle enthaltenen Temperaturkorrektionen für $C_1$ pro $1\,°$ C.

Man braucht die Temperaturdifferenz nur mit $\alpha$ zu multipliciren und dieses Produkt zu $C_1$ zu addiren oder von $C_1$ abzuziehen, je nachdem $t$ grösser oder kleiner als $18\,°$ C ist.

Die Temperatur $t$ wird an einem am Instrumente[**] angebrachten Thermometer, dessen Gefäss sich dicht an die dünndrahtigen Wicklungen anlegt, abgelesen.

Die Querschnitte der dünndrahtigen Wicklungen des Instrumentes und der Wicklungen des Zusatzwiderstandes sind so bemessen, dass keine erhebliche Erwärmung durch die sie durchfliessenden Ströme eintreten kann.

Bei Wechselströmen erfolgt die Berechnung der Spannungsdifferenzen aus dem gemessenen Torsionswinkel $\varphi$ nach der Gleichung 5

---

[*] Siehe das Folgende über den Zusatzwiderstand.
[**] Bei dem in Fig. 4 abgebildeten Instrumente ist dieses Thermometer noch nicht angebracht.

$$\sqrt{\ddot{M}(\delta^2)} = C \cdot W \sqrt{1 + \left(\frac{\pi\, p\, L}{W}\right)^2}\, \sqrt{\varphi} = C_1 \sqrt{1 + \left(\frac{\pi\, p\, L}{W}\right)^2}\, \sqrt{\varphi} = C_1{}' \sqrt{\varphi}$$

Es ist

$C$ die Konstante der betreffenden Wicklungs-Kombination,

$W$ der Gesammtwiderstand der Nebenschliessung,

$p$ die Polwechselzahl in der Sekunde, welche sich aus der Umdrehungszahl und Polzahl der Wechselstrommaschine ergiebt und bei den verschiedenen Wechselstrommaschinen zwischen den Werthen 80 und 200 gelegen ist.

$L$ der Selbstinduktions-Koefficient der benutzten Wicklungs-Kombination in Henry.

Aus einer grösseren Reihe von Messungen wurde im Mittel gefunden

für die Wicklungs-Komb. $60 \times 5154$     $L = 2{,}760$ Henry

„ „ „ „ $60 \times 2154$     $L = 0{,}413$ „

„ „ „ „ $60 \times 1154$     $L = 0{,}106$ „

Die Tabelle IV. enthält für die verschiedenen Wicklungs- und Widerstands-Kombinationen (wie sie schon bei Gleichstrom angeführt wurden) bei den Polwechselzahlen $p = 80$, 120, 200 die Werthe der Konstanten $C_1{}'$.

Tabelle IV.

| $C$ | $W$ | $C_1 = CW$ | $L$ | $C_1{}'$ | | |
|---|---|---|---|---|---|---|
| | | | | $p = 80$ | $p = 120$ | $p = 200$ |
| 0,0211 | 1500,00 | 31,65 | 2,76 | 34,87 | 38,54 | 48,37 |
| | 1250,00 | 26,38 | | 30,17 | 34,32 | 45,10 |
| | 1000,00 | 21,10 | | 25,68 | 30,45 | 42,23 |
| | 750,00 | 15,83 | | 21,56 | 27,07 | 39,86 |
| | 500,00 | 10,55 | | 18,04 | 24,36 | 38,06 |
| | 250,00 | 5,28 | | 15,56 | 22,58 | 36,96 |
| 0,0366 | 101,43 | 3,71 | 0,413 | 5,31 | 6,80 | 10,19 |
| | 74,86 | 2,74 | | 4,68 | 6,32 | 9,88 |
| 0,0512 | 45,31 | 2,32 | 0,106 | 2,69 | 3,09 | 4,13 |
| | 18,74 | 0,96 | | 1,67 | 2,26 | 3,54 |

Für die gleiche Kombination wachsen die Werthe von $C_1'$ mit er Zunahme der Polwechselzahl.

Man wird sich für jene Polwechselzahlen, mit welchen man es bei den Messungen gewöhnlich zu thun hat, eine ähnliche Tabelle entwerfen und braucht bei der Bestimmung der Spannungswerthe nicht die Formel selbst zu benützen, sondern einfach die zugehörige, aus der Tabelle entnommene Konstante $C_1'$ mit $\sqrt{\varphi}$ zu multipliciren.

Legt man die Polwechselzahl 80, welche jener der Wechselstrommaschinen von Ganz & Co. (83,3) ziemlich nahe kommt, der Berechnung der bei den verschiedenen Kombinationen sich ergebenden Messgrenzen (für $\varphi = 360°$ und $\varphi = 20°$) zu Grunde, so ergeben sich die Werthe der Tabelle V.

Tabelle V.

$p = 80$.

| $C_1'$ | Spannungen in Volt bei den Torsionswinkeln | |
|---|---|---|
| | $\eta \quad 360°$ | $\eta \quad 20°$ |
| 34,87 | 661,6 | 156,0 |
| 30,17 | 572,4 | 135,0 |
| 25,68 | 487,2 | 114,8 |
| 21,56 | 409,0 | 96,4 |
| 18,04 | 342,2 | 80,7 |
| 15,56 | 295,2 | 69,6 |
| 5,31 | 100,7 | 23,8 |
| 4,68 | 88,8 | 21,4 |
| 2,69 | 51,0 | 12,0 |
| 1,67 | 31,7 | 7,5 |

Das Instrument lässt also bei einem Wechselstrome mit 80 Polwechseln in der Sekunde Spannungsmessungen zwischen den Grenzen 661,6 bis 7,5 Volt zu.

In gleicher Weise ergeben sich als Messgrenzen bei Wechselstrom mit 200 Polwechseln 917,8 und 15,84 Volt.

Für alle Wechselströme, deren Polwechselzahl zwischen 80 und 200 liegt, sind die oberen Messgrenzen zwischen 661,6 und 917,8 Volt, die unteren Messgrenzen zwischen 7,5 und 15,84 Volt gelegen.

So beispielsweise ist bei $p = 120$ die obere Grenze 731,3, die untere Grenze 10,1 Volt.

Auch bei der Messung von Wechselstrom-Spannungsdifferenzen ist beim Uebergange von einer zur nächstfolgenden Kombination derselbe Vorgang, wie er bei der Messung von Gleichstrom-Spannungs-differenzen angegeben wurde, einzuhalten, damit der Wattverlust im Instrumente möglichst gering ist.

Was die Temperatur-Korrektion anbelangt, so ist dieselbe, da $W$ in der Formel für Wechselströme nicht nur im Faktor $C_1$, sondern auch unter dem Wurzelzeichen im Nenner einer der Summanden vorkommt, so gering, dass von einer Korrektion abgesehen werden kann. Sie beträgt im ungünstigsten Falle bei einer Temperatur, welche von der mittleren Temperatur, 18° C, um 10° C abweicht, wie dies wohl nie bei einer Messung vorkommen wird, noch nicht ganz 1 %.

Der Zusatzwiderstand, welcher in Fig. 8 skizzirt ist, hat die Form eines Dekadenwiderstandes mit den schon früher angegebenen und aus der Zeichnung ersichtlichen Abtheilungen.

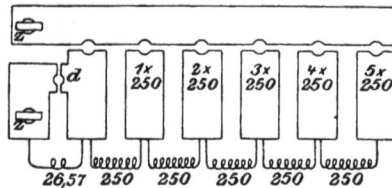

Fig. 8.

Durch Versetzung eines grossen Stöpsels in den grossen Stöpsellöchern kann der Zusatzwiderstand verändert werden. Damit bei dieser Widerstandsveränderung keine Stromunterbrechung erfolgt, sind zwei grosse Stöpsel dem Widerstande beigegeben, durch deren abwechselnden Gebrauch die Stromunterbrechung vermieden wird. Der Widerstand 26,57 Ohm kann, aus später angegebenen Gründen, durch einen eigenen kleineren Stöpsel, der bei der Stöpsel-öffnung $d$ eingesetzt wird, ausgeschaltet werden. Der Widerstands-draht besteht aus einer Metalllegierung, „Superior" genannt, von der Firma Fleitmann, Witte & Co. in Schwerte in Westphalen.

Er ist 0,7 mm dick, hat den specifischen Widerstand 0,86, den Temperaturkoefficienten 0 000681 und ist bifilar auf rahmenförmigen Holzgestellen aufgewickelt.

Der hohe specifische Widerstand des Drahtes und die Gestalt der Spulen geben dem Zusatzwiderstande eine sehr kompendiöse Form. Mit seinen Klemmen $z, z$ wird er an die Klemmen $z, z$ des Instrumentes gelegt.

## C. Die Effektmessung.

Als Wattmeter (siehe die Figuren 3, 5 und 7) wird das Instrument in folgender Weise gebraucht.

Man füllt die Quecksilbernäpfe $a$, zieht die Stöpsel bei $A$ und $B$ (Fig. 5 u. 7), schaltet zwischen die Klemmen $z\ z$ den Zusatzwiderstand, bei welchem der Widerstand 26,57 Ohm durch Stöpselung ausgeschaltet ist. Nachdem man zunächst den Hebel des Umschalters auf den Kontakt I gestellt hat, legt man das Instrument mit den Klemmen $S$ und $S_2$ in den Hauptstromkreis und mit den Klemmen $S_1$ und $S_3$ an jene Punkte des Stromkreises zwischen welchen der elektrische Effekt im Stromkreise gemessen werden soll. Nach der Stärke des Hauptstromes richtet sich die Zahl der Windungen, welche von der festen Spule (Hauptstromspule) in den Hauptstromkreis eingeschaltet werden. Bei Strömen zwischen 113 und 25 Ampère wählt man 34 Windungen (Stellung des Hebels auf Kontakt III, Querschnittswechsler $Q$ „parallel"), bei Strömen von 25 bis 2,7 Ampère 154 Windungen (Hebel auf Kontakt III, $Q$ „hintereinander"). Für schwächere Ströme als 2,7 Amp. wird die Schaltung später angegeben werden.

Der Vorgang der Messung ist nun der gleiche wie beim Wattmeter von Ganz & Co. Am Zusatzwiderstand, der mit der beweglichen Spule (60 Windungen) im Nebenschlusse liegt, schaltet man zunächst den ganzen Widerstand (mit Ausnahme der 26,57 Ohm) ein, damit der Strom im Nebenschlusse möglichst gering werde. Zeigt sich hierbei, wenn der Stromwender $K$ gedreht wird, noch kein Ausschlag, so macht man den Zusatzwiderstand allmählich, und zwar jeweilig um 250 Ohm kleiner, bis ein Ausschlag erfolgt. Der aus den Torsionswinkeln sich ergebende Mittelwerth $\varphi$ wird mit Hilfe der Gleichung 6

$$J\delta = C^2\ W_1\ \varphi = C_2 \cdot \varphi$$

zur Ermittelung des elektrischen Effektes benutzt.

$C$ ist hier wieder die Konstante der benutzten Gewinde-Kombination, $W_l$ der Gesammtwiderstand in der Nebenschliessung.

In der Tabelle VI sind die Werthe der Konstanten $C_2$ und die Messgrenzen bei den verschiedenen Zusatzwiderständen angegeben, wenn von der festen Spule 34, bzw. 154 Windungen in den Hauptstromkreis eingeschaltet sind.

## Tabelle VI.

| Wick-lungs-Combi-nation | $C$ | $C^2$ | $W_1$ | $C_2$ | Messgrenzen für $J\delta$ | | Grenzen des Stromes in der Haupt-strom-spule |
|---|---|---|---|---|---|---|---|
| | | | | | $\varphi = 360°$ | $\varphi = 20°$ | |
| 60 × 34 | 0,354 | 0,1253 | 1250,4 | 156,6 | 56 376 | 3132 | 113 bis 25 |
| | | | 1000,4 | 125,3 | 45 108 | 2506 | |
| | | | 750,4 | 94,0 | 33 840 | 1880 | |
| | | | 500,4 | 62,7 | 22 572 | 1254 | |
| | | | 250,4 | 31,4 | 11 304 | 628 | |
| 60 × 154 | 0,174 | 0,0303 | 1250,4 | 37,9 | 13 644 | 758 | 25 bis 2,7 |
| | | | 1000,4 | 30,3 | 10 908 | 606 | |
| | | | 750,4 | 22,7 | 8 172 | 454 | |
| | | | 500,4 | 15,2 | 5 472 | 304 | |
| | | | 250,4 | 7,59 | 2 732 | 152 | |

Bei den Widerständen $W_l$ kommt zu den jeweilig eingeschalteten Zusatzwiderständen der Widerstand der beweglichen Spule (60 Windungen) hinzu, welcher 0,4 Ohm beträgt, wodurch sich die in der Tabelle enthaltenen Werthe ergeben.

Der Widerstand der 34 Windungen der festen Spule = 0,007 Ohm
„  „  „ 154  „  „  „  „ = 0,129 „

Die Benutzung der beiden, in der Tabelle VI angeführten Wicklungskombinationen lässt also Messungen von $J\delta$ zwischen den Grenzen 56 376 und 152 Watt zu. Dabei ist die maximale Stromstärke 113 Amp., die maximale Spannung 500 Volt.

Es kann die untere Messgrenze noch weiter herabgerückt werden, wenn man bei der festen Spule 1154 Windungen zur

Messung benutzt, d. h. den Hebel des Umschalters auf Kontakt IV stellt, bei $Q$ „hintereinander" und bei $q$ „parallel" schaltet. Diese 1154 Windungen der festen Spule haben einen Widerstand von 18,74 — 0,4 = 18,34 Ohm. Schaltet man nun diese 1154 Windungen in den Hauptstromkreis, so würde, in Folge ihres grossen Widerstandes, in vielen Fällen der Wattverlust in denselben bereits einen erheblichen Procentsatz des zu messenden Effektes ausmachen. Es ist daher zweckmässiger, die früher beschriebene Schaltung derart abzuändern, dass man die feste Spule sammt dem Zusatzwiderstand in den Nebenschluss legt und die bewegliche Spule (60 Windungen von 0,4 Ohm Widerstand) in den Hauptstromkreis schaltet. Letztere ist im Stande, den Maximalstrom von 2,7 Amp. ganz gut zu vertragen.

Man erhält bei dieser Schaltung und Wicklungskombination die in der Tabelle VII für die verschiedenen Zusatzwiderstände enthaltenen Konstanten und Messgrenzen.

### Tabelle VII.

| WicklungsKombination | $C$ | $C^2$ | $W_1$ | $C_2$ | Messgrenzen für $J$ $\vartheta$ | | Maximum des Hauptstromes |
|---|---|---|---|---|---|---|---|
| | | | | | $\varphi = 360°$ | $\varphi$ 20° | |
| 60 × 1154 | 0,0512 | 0,00262 | 1268,34 | 3,32 | 1195 | 66,4 | 2,7 Amp. |
| | | | 1018,34 | 2,67 | 961 | 53,4 | |
| | | | 768,34 | 2,01 | 724 | 40,2 | |
| | | | 518,34 | 1,36 | 490 | 27,2 | |
| | | | 268,34 | 0,70 | 252 | 14,0 | |

Die jeweiligen Werthe von $W_2$ sind hier um den Widerstand der 1154 festen Windungen (18,34 Ohm) erhöht, weil sich dieselben in der Nebenschliessung befinden.

Durch diese dritte Wicklungskombination ergiebt sich also als untere Messgrenze 14 Watt, sodass das Instrument Wattmessungen zwischen 56 376 und 14 Watt gestattet.

Handelt es sich um die Messung des Effektes in dem Widerstande $R$ (siehe Fig. 3), so ist bei der in Fig. 3 angegebenen Schaltung der Wattverlust in der Hauptstromspule vom Messresultate abzuziehen. Legt man den Nebenschluss nicht an die Punkte $\alpha$, $\beta$, sondern an $\alpha_1$, $\beta$, dann ist, um den Effekt in $R$ zu bekommen, vom Messresultate der Wattverlust in der Nebenschliessung abzuziehen.

Nach den jeweiligen Verhältnissen bei der Messung wird der eine oder der andere dieser Verluste sehr gering sein, sodass man ihn meistens vernachlässigen kann, und man wird daher, sowie beim Wattmeter von Ganz & Co., die Anlegung des Nebenschlusses in diesem Sinne vornehmen.

Bei der Messung des Effektes, welcher von irgend einer Stromquelle an den äusseren Stromkreis abgegeben wird, ist zum Messresultate noch der Wattverlust in der Nebenschliessung hinzuzugeben. Darf derselbe nicht vernachlässigt werden und ist die Klemmenspannung der Stromquelle zur Berechnung dieses Wattverlustes nicht bekannt, so führt man nach der Effektmessung mit dem Instrumente eine Messung der Klemmenspannung aus.

Bei der Bestimmung des elektrischen Effektes in einem Stromkreis mit Wechselstrom ist beim Wattmeter nach Formel 7 noch der Korrektionsfaktor

$$\frac{1 + \lambda_1{}^2}{1 + \lambda_1 \lambda_2},$$

wobei $\lambda_1$ und $\lambda_2$ die früher angegebene Bedeutung haben, zu berücksichtigen.

Die Selbstinduktions-Koefficienten der beweglichen 60 Windungen, $(g_2)$ der feststehenden 34 Windungen $(G_{III}')$ und 154 Windungen $(G_{III}'')$ sind noch nicht vollkommen genau ermittelt worden. Aus den bisherigen Versuchen geht aber mit Bestimmtheit hervor, dass

der S. J. K. von $g_2$ kleiner als 0,0008 Henry

„ „ „ $G_{III}'$ „ „ 0,00003 „

„ „ „ $G_{III}''$ „ „ 0,0001 „ ist.

Für den Fall, dass sich die beweglichen 60 Windungen mit dem induktionsfreien Zusatzwiderstande im Nebenschlusse befinden (also bei allen Kombinationen der Tabelle VI) ist im ungünstigsten Falle *)

$$\lambda_1 = \frac{\pi p L_1}{W_1} = \frac{3,14 \cdot 200 \cdot 0,0008}{250,4} = 0,002,$$

daher $\qquad\qquad \lambda_1{}^2 = 0,000004.$

*) Für $p$ den grössten und $W_1$ den kleinsten Werth genommen.

Es ist dies derselbe Werth, wie er sich im ungünstigsten Falle beim Wattmeter von Ganz & Co. ergiebt.

Der ganze Korrektionsfaktor wird erst dann von der Einheit um $1^0/_0$ abweichen, wenn $\lambda_2$ den Werth 5 annimmt; dass $\lambda_2$ den Werth 5 übersteigt, dürfte in den seltensten Fällen vorkommen, weshalb nur selten eine erhebliche Korrektion vorzunehmen sein wird.

In jenen Fällen, welche Tabelle VII angiebt (Wattmessungen bei einem Hauptstrome unter 2,7 Ampère), kann die Korrektion insbesondere dann, wenn der Widerstand des Hauptstromkreises nicht induktionsfrei ist, einen erheblicheren Werth annehmen.

Es sind dann die 1154 festen Windungen mit dem Zusatzwiderstand im Nebenschlusse, deren S. J. K., wie früher angegeben wurde, bereits 0,106 Henry beträgt. Man hat dann

$$\lambda_1 = \frac{\pi\,p\,L_1}{W_1} = 3,14 \times 0,106\ \frac{p}{W_1}$$

Im ungünstigsten Falle, also $p = 200$   $W_1 = 268,34$ gesetzt,

ist
$$\lambda_1 = \frac{3,14 \cdot 0,106 \cdot 200}{268 \cdot 34} = 0,248$$

$$\lambda_1{}^2 = 0,0615$$

Ist der Widerstand $W_2$ im Hauptstromkreise bis auf die in diesem Falle in den Hauptstromkreis eingeschaltete bewegliche Spule (60 Windungen; 0,4 Ohm; $L_2 < 0,0008$) induktionsfrei, so ist der Korrektionsfaktor bei $\lambda_2 = \dfrac{3,14 \times 200 \times 0,0008}{W_2} = 0,248$, d. i. bei $W_2 = 2$ Ohm gleich der Einheit und nimmt mit wachsendem $W_2$ bis zum Maximum 1,0615 zu, so dass die Korrektion wegen der Selbstinduktion unter obigen Voraussetzungen im Maximum beiläufig $6^0/_0$ betragen kann.

Das besprochene Universalinstrument lässt, wie aus dem Voranstehenden sich ergiebt, eine so weitgehende Anwendung als Strom- Spannungs- und Wattmesser bei Gleich- und Wechselströmen zu, wie sie wohl noch bisher kein elektrotechnisches Messinstrument aufzuweisen hat. Die Berechnung des Messresultates aus dem Mittelwerthe der Torsionswinkel beschränkt sich unter Anwendung der in den Tabellen angegebenen Konstanten und der eventuellen Benutzung einer Tabelle, welche die Quadratwurzelwerthe der Zahlen 20 bis 360 enthält auf eine einfache Multiplikation zweier Zahlen. Das Instrument enthält wie jedes Torsions-Elektrodynamometer ausser der Feder keinen Bestandtheil, der eventuell eine Veränderung der Konstanten im Laufe der Zeit herbeiführen könnte. Auch bezüglich der Feder konnte während der Zeit ihres bisherigen Gebrauches (8 Monate) keine Veränderung konstatirt werden. Bei der Aufstellung des Instrumentes muss nur darauf gesehen werden, dass es keine Einwirkung von Seite starker magnetischer Felder oder starker Ströme erfährt. Einer Orientirung nach dem magnetischen Meridiane bedarf es nicht, weil das magnetische Feld der festen Spule stets so gross ist, dass dagegen die Einwirkung des magnetischen Feldes der Erde vernachlässigt werden kann.

In der Tabelle VIII ist nun noch eine Versuchsreihe mitgetheilt, welche zur Bestimmung der Konstanten $C = 0,0366$ durchgeführt wurde und die als Beispiel für die Genauigkeit der Messungen mit dem Instrumente dienen soll. Daraus ergiebt sich der mittlere Fehler einer Beobachtung $= \pm 0,00027$ $(0,74^0/_0)$.

Tabelle VIII.

$$C = \frac{J}{\sqrt{\varphi}}$$

| $J$ | $\varphi_1$ | $\varphi_2$ | $\varphi$ | $C$ | Fehler gegenüber dem Mittel | Fehler in $\%$ vom Mittel |
|---|---|---|---|---|---|---|
| 0,159 | 20 | 19 | 19,5 | 0,0363 | — 0,0003 | — 0,82 |
| 0,193 | 28 | 28 | 28 | 0,0365 | — 0,0001 | — 0,27 |
| 0,292 | 65 | 65 | 65 | 0,0362 | — 0,0004 | — 1,1 |
| 0,312 | 70 | 73 | 71,5 | 0,0370 | + 0,0004 | + 1,1 |
| 0,390 | 115 | 112 | 113,5 | 0,0366 | 0,0000 | 0 |
| 0,413 | 131 | 127 | 129 | 0,0364 | — 0,0002 | — 0,55 |
| 0,445 | 148 | 150 | 149 | 0,0365 | — 0,0001 | — 0,27 |
| 0,512 | 198 | 192 | 195 | 0,0368 | + 0,0002 | + 0,55 |
| 0,570 | 244 | 236 | 240 | 0,0368 | + 0,0002 | + 0,55 |
| 0 598 | 265 | 260 | 262,5 | 0,0369 | + 0,0003 | + 0,82 |

Schliesslich danke ich meinem ehemaligen Assistenten, Herrn Ingenieur Hausmann, für seine Beihilfe bei der Anfertigung der Zeichnungen und der Ausführung der Versuche und Rechnungen.

.

www.ingramcontent.com/pod-product-compliance
Lightning Source LLC
Chambersburg PA
CBHW031454180326
41458CB00002B/769